SIÈGE

DE PARIS

Par

GIRAUX AÎNÉ

FUSILIER VOLONTAIRE
AU 169ᵉ BATAILLON DE LA GARDE NATIONALE
DE GUERRE

50 centimes

CONSTANTINE

LIBRAIRIE

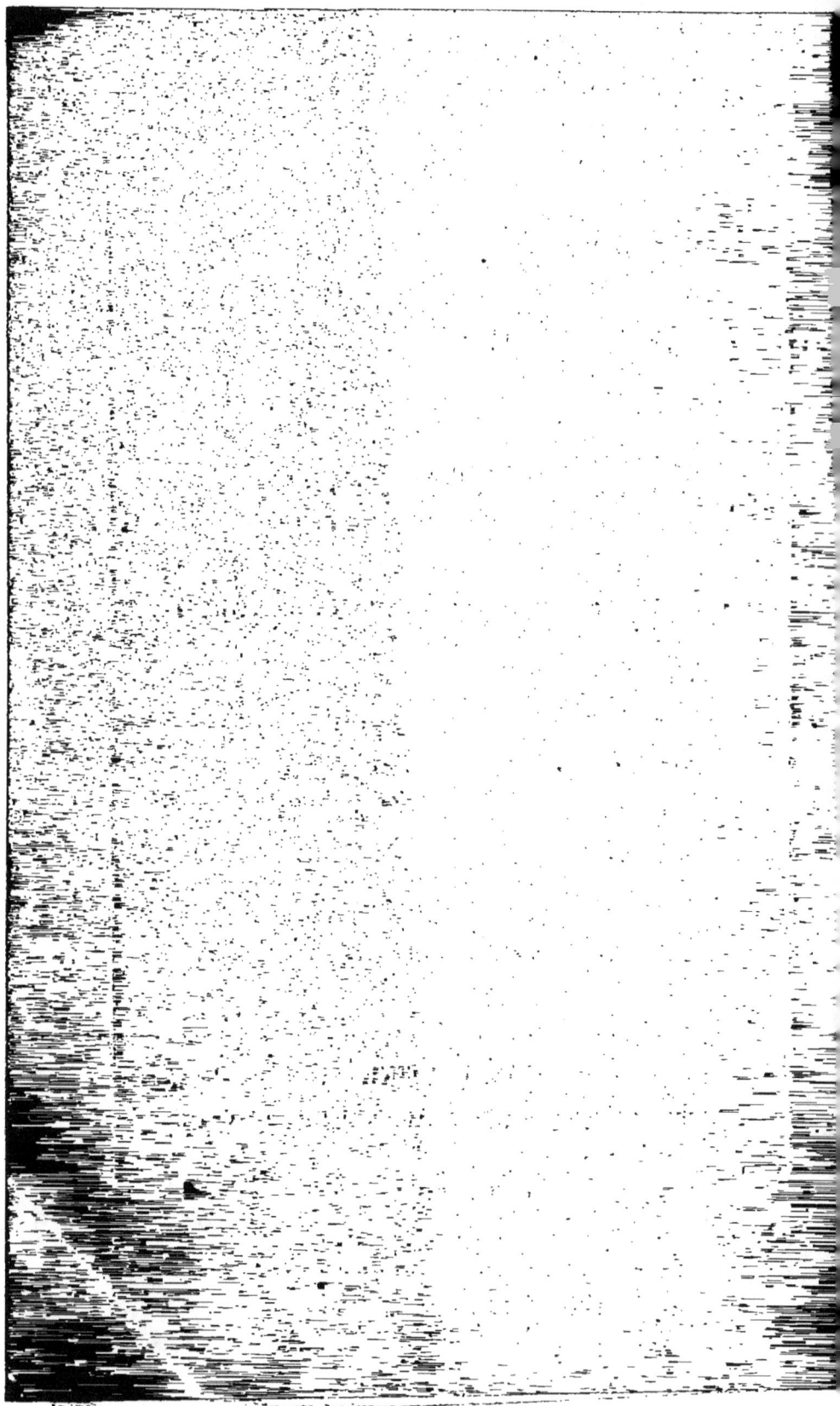

SIÉGE
DE PARIS

Par

GIRAUX AINÉ

OFFICIER VOLONTAIRE

LIEUTENANT AU 159ᵉ BATAILLON DE LA GARDE NATIONALE
DE GUERRE

CONSTANTINE

IMPRIMERIE ET LIBRAIRIE J. BEAUMONT, RUE CARAMAN

—

1875

Pour paraître prochainement :

LES TROIS VOLONTAIRES

LES TROIS FRÈRES GIRAUX

A PARIS EN 1848 ;

A LA BALTIQUE, EN CRIMÉE, EN ITALIE ;

A LA GUERRE DE 1870-1871

PRÉFACE

Le petit ouvrage que j'offre au public est certes un ouvrage sans préteations ; ce n'est l'œuvre ni d'un savant, ni d'un lettré, ni d'un stratégiste, ce sont simplement les réflexions d'un soldat, écrites au fur et à mesure qu'elles se présentaient à mon esprit, lorsqu'après mille traverses, je me suis vu réduit à gagner, en cassant des pierres pour le Service des ponts et chaussées, 1 fr. 25 c. par jour, après être parti volontaire de la maison paternelle à l'âge de dix-huit ans, et avoir combattu vingt ans à l'ombre du drapeau français.

Je réclame donc la bienveillante indulgence du lecteur pour toutes les imperfections de ce petit ouvrage, car, je le déclare, je l'ai écrit moins dans l'espoir de faire de la littérature, que dans l'idée de me créer quelques ressources dans ma vieillesse.

GIRAUX AÎNÉ.

SIÉGE DE PARIS

A la nouvelle du désastre de Sedan, les députés de Paris se rendent à l'Hôtel-de-Ville, et se proclament gouvernement de la Défense nationale.

Un général sur lequel sont tournés tous les regards est nommé Président du gouvernement, le général Trochu, commandant la garde nationale de Paris.

Le gouvernement prend aussitôt des mesures pour assurer le ravitaillement et mettre les forts et les remparts en état de défense.

Tous les citoyens sont armés et se forment promptement en bataillons.

Le général Vinoy ramène en toute hâte son

corps d'armée ; on appelle la gendarmerie de province, on fait venir des départements cent mille garde mobiles et des marins pour le service des forts dont les travaux sont poussés avec activité. Des nuées de travailleurs sont à l'œuvre sur le périmètre de l'enceinte et dans les forts dépourvus de tout ce qui constitue en en réalité la défense active.

On éloigne de Paris les bouches inutiles et on conseille aux habitants, qui ne sont pas en état de porter les armes, de sortir de Paris ; la garde nationale des pays environnants rentre dans la capitale.

Le général Trochu passe en revue les défenseurs de la capitale ; il est accompagné du général Leflô qui a revêtu son vieil habit, depuis vingt ans enseveli dans la poussière par le despotisme. Le général Trochu n'est pas acclamé, sa première proclamation ne contente personne, il a oublié de crier : *Vive la République !* on a remarqué ces seuls mots : Je suis breton, je suis fort, et personne ne comprend le sens de ces paroles. Il fait une deuxième proclamation et en la terminant, il semble forcé de lancer ce cri patriotique : *Vive la Républi- que !* qui réveillait tous les cœurs.

L'ennemi marche à grand pas ; on euvoie à sa rencontre, le régiment des éclaireurs vo- lontaires de la Seine, trois bataillons, contrai- gnent les hulans à rabaisser leur morgue.

L'armée est impuissante, on l'organise.

Le citoyen Jules Favre, plénipotentiaire de la République, se rend au quartier général en- nemi à Ferrière, offrir, les larmes aux yeux, l'or de la France.

Le général Trochu craignant le patriotisme des citoyens de Paris, ne fait aucun appel aux volontaires, aux anciens officiers et sous-offi- ciers, pour grossir l'armée régulière et com- pléter ses cadres.

La garde mobile composée en totalité d'hom- mes n'ayant jamais paru sous les drapeaux et ayant les deux tiers de ses cadres complétement inexpérimentés au métier des armes, présente des difficultés pour l'instruction ; on lui donne des instructeurs tirés de la gendarmerie, au- jourd'hui ils font des manœuvres d'infanterie ; demain, des manœuvres de cavalerie, mais ils sont animés d'un grand patriotisme et deviendront soldats quand même.

L'habillement, l'équipement. l'armement, le campement, tout est à faire.

La garde nationale s'exerce rapidement, ayant de bons cadres, expérimentés au métier des armes, en raison de la situation ; ces citoyens, sans égard à la fortune, ont choisi dans leurs rangs les anciens soldats, les anciens sous-officiers, les anciens officiers pour leurs chefs.

L'ennemi a divisé ses forces en trois armées, le grand quartier général est au palais de Versailles et enserre la capitale, interceptant toute communication. L'artillerie des forts admirablement servie par les canonniers brevetés de la marine, tient l'ennemi en respect à la distance de la plus forte projection ; des appareils électriques pendant la nuit, projetant la lumière au loin, empêchent l'ennemi d'entreprendre des travaux d'approche.

Un citoyen taillé à l'antique (par ses ordres, on reconnaît déjà sa mâle énergie), s'élève dans les airs et la tempête respectant son courage le dépose à son poste de combat ; là, en présence de l'ennemi, sans un soldat, du pied il frappe le sol sacré de la patrie et fait surgir une armée (Armée de la Loire, Gambetta).

Cependant, l'habillement des bataillons ouvriers parisiens, traîne en longueur, et les uniformes que l'on distribue sont de mauvaise qualité, mais on est enivré, et on prend patience.

L'armée et la garde mobile s'organisent, l'artillerie de la garde nationale prend le même uniforme que l'artillerie de l'armée.

On démolit les maisons et les murs des jardins compris dans la zône des fortifications ; sur les remparts, on ouvre des embrasures et l'artillerie y est mise en batterie, on retaille la banquette, on garnit le sommet de la plongée de sacs de terre formant créneaux ; on construit des abris et des magasins à poudre ; on place les ponts-levis et on couvre l'extérieur des portes par un ouvrage à cornes palissadé ; à l'intérieur du rempart, à cent mètres, on coupe les voies au moyen de lignes brisées, on creuse des fossés, on élève des parapets et on établit une deuxième ligne de défense continue ; les

maisons et les murs des jardins sont crénelés ;
à proximité des remparts, sur les grandes pla-
ces, on construit des batteries pour défendre
les grandes voies ; la butte Montmartre reçoit
une batterie du plus fort calibre.

Une attaque a lieu sur les lignes ennemies
du côté de Châtillon ; un régiment de nouvelle
formation prend la panique. Toutefois, l'armée
malgré sa faiblesse numérique ne croit pas
impossible de vaincre : les fuyards sont arrêtés,
on leur fait retourner leurs habits, on leur suspend une plaque sur la poitrine, portant ces
mots « Lâches qui ont fui devant l'ennemi ; »
la gendarmerie les conduit à travers Paris, à la
Prison militaire. Cette discipline morale et
matérielle produit son effet.

L'armée assiégée va reprendre l'offensive et
repousser les avant-postes ennemis tout autour
de la place.

La presqu'île de Gennevilliers est déjà ba-
layée, le Bourget est pris et on est maître du
plateau d'Avron.

Le Mont Valérien, cette citadelle imprena-
ble, tient Versailles en respect ; le saillant de

Flandre est protégé par la grosse artillerie de la butte Montmartre.

Chaque bataillon de la garde nationale, va fournir un bataillon de guerre de quatre compagnies à l'effectif total de cinq cents hommes composés de volontaires et des célibataires jusqu'à l'âge de quarante ans.

Les anciens bataillons bourgeois réclament leurs effectifs n'étant pas aussi fort que l'effectif des bataillons ouvriers, qu'importe, on n'a pas le temps de faire un recensement, le bataillon de guerre doit être fourni, quatre bataillons forment un régiment commandé par un lieutenant-colonel qui, lui-même reste à la tête de son bataillon. Les bataillons d'un même régiment dispersés ne se reconnaissent pas ; on ne réunit jamais le régiment ; point d'organisation, en brigade, division, corps d'armée.

Néanmoins, cent mille hommes complétement équipés, en guerre, sont commandés par uu seul général, et la garde nationale prend le titre pompeux de première armée. L'habillement et l'équipement des bataillons de guerre se fait attendre, on perd patience, Belleville et

Montmartre couvent l'Hôtel-de-Ville, en tour‑
nant le dos à l'ennemi.

« Comte de Rochefort, ne sauriez‑vous
« changer votre satire en poème patriotique ;
« votre silence c'est la révolte contre le gou-
« vernement dont vous faites partie, que n'ê-
« tes‑vous à votre quartier général au milieu
« de vos adorateurs, votre présence, quelques
« paroles auraient suffi pour détourner cette
« avalanche de l'Hôtel-de‑Ville, que ne leur
« montrez-vous l'ennemi, non, vous vous
« contentez de céder votre place au vénérable
« Blanqui qui, indigné, assemble les officiers
« supérieurs de la garde nationale et fait voter
« la déchéance du Gouvernement, met le dé-
« sordre dans le camp, en soudoyant les ba-
« taillons des officiers supérieurs qui ont voté
« contre sa proposition, et de son autorité pri-
« vée, les fait destituer ; il fait élire par accla-
« mation, à leur place, des hommes inhabiles
« au métier des armes, conjurés pour conduire
« ces bataillons à l'assaut de l'Hôtel-de-Ville,
« Quelques vieux soldats fidèles à l'honneur et
« à la discipline, les yeux tournés vers l'en-

« nemi, essaient en vain de détourner ce tor-
« rent dévastateur, ils se voient leurs galons,
« leurs épaulettes arrachés par ces hommes
« en délire. » Blanqui monté sur une estrade
craignant de voir commettre un crime sous
ses yeux, lève les mains au ciel, quelques
hommes me couvrent de leur corps.

« Et vous tous, membres du gouvernement
« de la Défense nationale, armée du pouvoir
« dictatorial, en présence de tels faits, vous
« délibérez tranquillement sur des affaires de
« de détails, bientôt vous serez prisonniers. »

Le colonel Flourens accompagné d'un nom-
breux état-major, proclame ouvertement la
Commune, au milieu du camp en révolte, Belleville et Montmartre sont prêts à prendre les
armes.

Ces hommes surexcités qui, hier ont choisi
leurs chefs dans leurs rangs craignant de per-
dre la République, les traitent de bonapartistes,
de pivots et de culottes de peau, en les voyant
aujourd'hui apparaître en uniforme.

Ils destituent les anciens sous-officiers qu'ils
avaient acclamé pour les conduire à l'ennemi.

Ils se désorganisent complétement, non plutôt, ils se débarrassent de tous ceux qui veulent entraver leur marche à la guerre civile pour laquelle ils se préparent.

Je suis à Charonne, je reçois un ordre, signé Grangé de réunir ma compagnie au bataillon à Belleville ; je mets ma compagnie sous les armes, et en toute hâte, je me rends au quartier général du deuxième secteur. Le chef d'état-major me donne l'ordre de dissuader mes collègues, je vole devant le front de ma compagnie, et déclare que l'ordre de marche n'émane pas du général, que ce n'est pas un service commandé ; c'est à la guerre civile qu'on vous convie, leur dis-je, choisissez un autre à ma place pour vous commander, car, je n'ai pris que l'engagement de vous conduire à l'ennemi. Je transmets l'ordre du chef d'état-major à mes collègues, et les plus surexcités du bataillon, vocifèrent en me promettant le plomb qu'ils ont dans leurs fusils ; je reconduis ma compagnie entière dans son cantonnement.

La nuit se fait, partout dans Belleville et Montmartre, les clairons réunis sonnent le lugubre rappel, l'avalanche va descendre à l'Hôtel-de-Ville, elle y pénétrera sans résistance.

« Membres de la Défense nationale, votre
« salle des séances est envahie, vous êtes pri-
« sonniers. »

Partout dans Paris, on sonne le rappel ; les bataillons se forment promptement.

Le général Clément Thomas accourt au secours du Gouvernement, avec les bataillons de la Chapelle ; les bataillons du faubourg Saint-Antoine, arrivent les premiers; un d'entre eux, fort à bas, enlève le général Trochu, au milieu du tumulte, des francs-tireurs de Belleville couchent en joue le général, on lui couvre le chef d'un képi de garde national; le général est sauvé.

Le citoyen Blanqui résiste, il fait tous ses efforts pour organiser le Gouvernement de la Commune ; on pérore dans le trouble ; on fait trop de propositions, trop d'orateurs se lèvent, on perd du temps.

La garde mobile bretonne s'empare de la salle

des séances, le citoyen Blanqui ne veut pas céder, on est obligé de le saisir à bras.

Le lendemain, Paris terrifié, reprend peu à peu son calme. Le général Trochu adresse une proclamation en regrettant le mal qu'on a fait, et fait afficher la convocation des citoyens à un plébiscite, par *oui* et *non*. Les résultats de ce plébiscite, révèle au Gouvernement, qu'il a cinquante mille hommes armés contre lui. L'organisation de la garde nationale de guerre a été trop longue, on a trop tardé à lui assigner une place devant l'ennemi.

Il s'en suit la désunion entre l'armée et les citoyens, les soldats appellent les gardes nationaux *guerriers à outrance ! soldats à trente sous !* voilà le mal, la cause de la révolte est votre ouvrage, membres du Gouvernement.

L'artillerie de campagne commence à sortir des fonderies privées, un comité d'artillerie fait essayer les pièces, il fait des difficultés pour les recevoir. Le ministre de l'intérieur, assiste aux séances de tir, M. Dorian, fatigué des exigences du comité d'artillerie, fait atteler une batterie sortant des fonderies, servie par les cannoniers de la garde nationale et en quelques heures, elle bouleverse un ouvrage ennemi, les artilleurs de la Commune prouveront qu'on pouvait se servir de ces pièces pour une, deux et même trois batailles.

Ces batteries sont offertes à la République par souscriptions des citoyens ; elles sont livrées prêtes à être attelées.

L'armée est à son plus haut degré d'organisation, elle peut présenter cent mille hommes en une seule masse et quatre cents pièces de campagne. (Proclamation du général Trochu). On se prépare, une armée de cent mille hommes va tenter de sortir de Paris entre Seine-et-Marne, pour faire jonction à l'armée de la Loire. La proclamation du général Ducrot enflamme tous les cœurs ; elle est sublime, le général dit un mot de trop, voilà tout. Des ponts sont jetés sur la Marne, entre Nogent et Joinville-le-Pont. Des divisions traversent Paris, Le chemin de fer de ceinture transporte des troupes, toutes se dirigent vers Saint-Maur, Paris est dans l'enthousiasme, on espère un grand succès.

A onze heures du soir, une bruyante canonnade se fait entendre dans la direction de Saint-Maur, c'est le général Ducrot qui franchit la Marne et enlève les avants-postes ennemis. Au jour, la canonnade cesse, ce qui fait supposer que le général Ducrot a traversé les lignes ennemies ; la journée se passe ; pas de nouvelles, on se livre à toutes sortes de commentaires. A minuit, quarante trois bataillons de guerre de la garde nationale, les premiers organisés, sont mis sous les armes, la réunion est à la place de la Bastille, chaque bataillon perçoit une voiture de cartouches, on en distribue quinze paquets par homme. Au jour, les bataillons se mettent en marche pour Saint-Maur, sous les ordres du général Clément Thomas ils s'établissent, la droite, en avant de la redoute de la Faisanderie, la gauche vers Nogent sur les hauteurs qui bordent la Marne (2 décembre). La bataille est engagée sur toute la ligne, la droite de l'armée dans l'anse de la Marne, en face de Joinville-le-Pont, la gauche au delà du fort de Nogent, au delà de la Marne.

Le centre face à Champigny, on distingue

les deux lignes de bataille par la fumée blan-
châtre qui s'élève vers le ciel, la canonnade
domine la mousqueterie, la grosse artillerie de
la redoute de la Faisanderie tire à toute volée,
les bastions du fort de Nogent qui font face à
la Marne, font également feu sans désamparer,
des bataillons gravissent les pentes escarpées de
la Marne en face du fort de Nogent, pour soute-
nir la gauche de la ligne de bataille. L'ennemi
fait des efforts pour jeter l'armée française dans
la Marne, on est aux prises avec l'ennemi avec
acharnement, vers midi, le village de Champigny est enlevé à la baïonnette par les Français, les prisonniers ennemis défilent devant
les réserves. Tout va bien, l'armée française
gagne du terrain.

Une division s'avance au pas de charge pour
enlever les hauteurs en avant de Champigny,
l'ennemi cède, mais tout-à-coup, démasquant
une formidable artillerie, la mitraille jette le
désordre dans les rangs de la division victo-
rieuse, deux caissons font explosion, quelques
bataillons de gardes mobiles se rompent, la
division est ramenée en arrière sous une grêle

de projectiles, l'artillerie française protège sa retraite.

L'escadron des volontaires à cheval vient prendre sa part de la bataille, le commandant Fracati est blessé mortellement d'un gros éclat d'obus.

La garde nationale s'apprête à franchir la Marne, tout-à-coup, elle suspend son mouvement.

Une division de renfort arrive ayant en tête le régiment de zouaves ; au pas de course, elle franchit la Marne, les bataillons se forment rapidement en colonne de division et manœuvrent derrière la ferme du Tremblay, se portant à l'aile gauche.

En ce moment, l'ennemi attaque avec furie la droite des Français, la division de renfort suspend sa marche, et ses derniers bataillons font tête de colonne à droite, s'avancent rapidement dans l'anse de la Marne. A droite de Champigny, l'artillerie de la redoute de Gravelle ouvre son feu à longue portée ; à l'extrême droite, la canonnade retentit avec vigueur, les **voitures d'ambulance arrivent, des bateaux-**

ambulances remontent la Marne, le froid est des plus rigoureux. La nuit commence à paraître, à gauche et au centre le feu a cessé, l'ennemi se replie, à droite la canonnade cesse peu à peu, à mesure que l'artillerie attèle ses pièces, la nuit se fait plus profonde. Le feu a cessé sur toute la ligne, l'armée française bivouaque sur le champ de bataille, le lendemain l'armée repasse la Marne et bivouaque dans les bois de Vincennes, on évalue la perte des Français à six mille hommes, celle de l'ennemi à douze mille.

Le général Ducrot n'est ni mort ni victorieux, mais il n'a pas été vaincu, au début, le passage de la Marne n'a pas été poussé avec assez de rapidité, des ponts se sont rompus, les ouvrages ennemis n'ont pu être enlevés avec la rapidité voulue, l'ennemi a profité de tous ces retards pour amener ses réserves au devant de l'armée du général Ducrot, afin de lui livrer bataille le lendemain à la pointe du jour pour le jeter dans la Marne.

Paris ne perd pas courage, la garde nationale de guerre achève son organisation, conformément aux troupes de ligne.

Plus de cent mille hommes sont complétement armés en guerre et commandés par un seul général. Quel est donc le motif qui empêche de former les brigades, les divisions et les corps d'armées.

L'armée du général Vinoy, occupe le plateau d'Avron, l'ennemi a construit des batteries armées de grosse artillerie donnant sur le plateau, ses travaux achevés, il lance une grêle de gros projectiles creux, l'armée se replie en désordre, les projectiles la poursuivent, on tente d'arrêter cette marche rétrograde sur la ligne des forts.

La garde nationale de guerre arrête les fuyards ; des gardes mobiles ayant trouvé un passage s'enfuient en toute hâte, jusqu'aux portes de Paris, les ponts sont immédiatement levés, et on contraint les fuyards de retourner dans leurs camps, pendant la nuit on ramène toute l'artillerie et le plateau d'Avron reste commandé par la grosse artillerie du fort de Nogent.

Parlerai-je des péripéties du siége : plus de chiens, de chats, ni de rats, on est soumis au rationnement de deux cents grammes de viande de cheval par personne tous les trois jours, de quatre cents grammes de pain par personne par jour, le combustible est à prix d'or les marchands de comestibles sont complétement dépourvus ; pour recevoir cette maigre ration de viande de cheval, des femmes du peuple pâles et amaigries, vêtues de robes d'indienne, dans les quartiers ouvriers, sont obligées de faire quatre heures de queue à la porte des bouchers, par un froid rigoureux, et quelquefois sous une pluie glaciale, et les maîtres bouchers, sans égards pour le malheur qui grelotte à la porte, traînent en longueur leurs distributions qui pourraient se faire beaucoup plus rapidement. Au début du siége, ces gens ont acheté les bœufs à vil prix et ont revendu la viande à prix d'or. Si j'enregistrais depuis des siècles tous les actes de ce genre, et les édits rendus contre, j'en écrirais un petit volume.

Les boulangers, plus patriotes, activent leurs distributions de pain, composé de farine d'orge, d'avoine et de différentes denrées sèches.

On manque de tout, les vieillards et les enfants meurent en masse, et en présence de tant de souffrances, aucun citoyen n'élève la voix pour parler de capitulation.

Pour comble de malheur, les forts de l'ouest et du sud étant éloignés de Paris seulement de trois kilomètres, les canons Krupp à longue portée de 7,000 mètres, se rapprochent des forts et lancent sur les quartiers du Panthéon, de Val-de-Grâce et les environs, des nuées de projectiles creux qui font d'affreux ravages, et incendient les bâtiments qu'ils atteignent.

Néanmoins, personne ne parle de se rendre, Paris bouillonne ; il faut enfoncer les lignes ennemies.

Les forts sont admirablement construits, bastionnés et casematés, les artilleurs sont à leurs pièces, l'infanterie est abritée sous les casemates, ces forts sont imprenables, les dégâts causés le jour par l'artillerie ennemie sont réparés la nuit.

On réunit tous les généraux, les chefs de

corps les plus expérimentés en conférence ; on déclare qu'une armée ne peut plus franchir les lignes ennemies pour opérer une jonction avec l'armée de la Loire, attendu qu'on a quarante lieues de pays, complétement dépourvus de vivres à parcourir, ou pour mieux dire un désert à traverser, sans qu'il soit possible d'emporter des vivres.

Un nommé Beaurepaire, propose d'enfoncer la ligne du blocus à la tête de douze mille volontaires, la conférence lui répond : pas de casse-cou.

29 janvier.

On va tenter une sortie contre le gros de l'armée allemande ; la garde nationale de guerre prend les armes et se dirige vers le Mont-Valérien, les troupes prennent position en ordre de bataille, faisant face à Versailles ; le général Ducrot quittera Saint-Denis au milieu de la nuit avec son armée et devra entrer en ligne à la droite, au-delà du Mont-Valérien à l'aube du jour. Le général Trochu avec son état-major est au Mont-Valérien, il a plu les jours précédents ; le dégel a eu lieu, la terre

est complétement détrempée. Au jour, le général Trochu donne le signal de l'attaque. Les
régiments de la garde nationale de guerre font
tête de colonne, ils s'avancent en bon ordre sous
le feu de l'ennemi. La redoute de Montretout,
les couvre de projectiles, leur chef leur adresse
ces paroles : « Républicains de Montmartre,
voulez-vous sauver la République ! oui, en
avant à l'ennemi. Le cri patriotique de *Vive la
République* retentit dans les airs et les bataillons
se précipitent comme un seul homme sur la redoute ennemie, l'enlèvent à la baïonnette, les artilleurs ennemis tombent à genoux devant eux ;
la garde royale prussienne revient à la charge,
on ne recule pas d'une semelle ; on se mesure avec elle, les régiments se voient décimés
on envoie demander de l'artillerie, un général
répond : « de l'artillerie, il n'y en a pas ; tas de
malins, puisque vous l'avez voulu, marchez à
la baïonnette, au reste, la terre est détrempée,
l'artillerie ne peut avancer. »

L'ennemi est retranché dans un parc aux
murs crénelés ; les dinamiteurs ont usé leurs
munitions à faire sauter des pans de muraille,

rien pour entamer les murs du parc. Mais, pas d'unité de commandement ; les lieutenants-colonels se donnent des ordres les uns aux autres, un dit : attaquez de front avec votre régiment, moi je vais tourner la position avec le mien, un autre donne l'ordre contraire ; le brouillard devient plus épais, et le général Trochu ne peut plus diriger le mouvement de la bataille. Le général Ducrot n'est pas encore en ligne ; il n'y entrera que fort tard dans l'après-midi, les régiments de garde nationale sont décimés, plus de la moitié de leur effectif est tombé, tous les officiers supérieurs sont hors de combat et presque tous les capitaines.

L'armée, revenue de ses préventions, est fière de ses frères d'armes ; la jalousie qui existait entre eux disparaît. Pourquoi leur a-t-on si tardivement assigné une place à nos côtés, disent les soldats.

Un jour, ces mêmes soldats, par des circonstances exceptionnelles seront commandés pour enlever l'artillerie de la garde nationale, et ils refuseront de croiser le fer contre leurs anciens compagnons d'armes.

Le général Trochu fait arborer le pavillon parlementaire.

C'en est assez comme cela, Paris à bout de vivres est forcé de capituler, du reste, la sortie a eu lieu conformément aux règles de la guerre.

Le général Trochu reste au Mont-Valérien ; on traite de la capitulation, et dans son rapport le général Trochu attribue au général Ducrot l'insuccès de la bataille.

Pourquoi celui qui commande en chef n'a-t-il pas fait débarrasser les chemins et placer des guides aux embranchements de ces mêmes chemins, afin d'assurer la marche de nuit de cette armée, et pourquoi, n'a-t-il pas traversé Paris par les grandes voies, au lieu de le contourner.

Les membres du gouvernement sont à l'Hôtel-de-Ville, fort embarrassés.

La capitulation porte en substance : « La garde nationale conserve ses armes : elle ne sera pas prisonnière de guerre ; les bataillons de guerre seront licenciés. Le général Vinoy reste à la tête de douze mille hommes armés pour assurer la tranquillité de Paris. »

Paris paye pour contribution de guerre quatre cents millions.

Le général Trochu rentre à son quartier général ; les forts sont désarmés et livrés à l'ennemi, les remparts sont également désarmés.

Une sourde et légitime irritation règne dans les esprits jusqu'à la convocation de l'Assemblée nationale, après ce blocus qui a duré quatre mois et demi.

A Belleville et à Montmartre on provoque une réunion d'officiers supérieurs de la garde nationale, afin de prendre des positions militaires. La réunion n'est pas en nombre, on abandonne le projet.

Des gardes nationaux venus des quartiers extrêmes de Paris, assiègent l'Hôtel-de-Ville. La gendarmerie les disperse.

L'armée ennemie fait son entrée triomphale par l'Arc de Triomphe de l'Étoile et les Champs-Élysés. Elle ne devra pas dépasser le palais des Tuileries. Toutes les boutiques sont fermées sur son passage ; un morne silence règne dans les rues, ainsi que dans les rangs de la garde nationale et des troupes restées armées pour former la haie, qui empêche les Allemands de s'avancer dans le centre de Paris.

« Général Trochu quelle responsabilité vous encourez et accumulez sur votre tête ; est-ce bien ainsi qu'il fallait agir ?

Oui, général, permettez-moi de me substituer à vous pour un moment et de vous traduire moi, vieux sergent à trois chevrons, ce que tout Paris se disait avec des larmes de rage.

De mon quartier général du Louvre, je monte à cheval et je passe ma revue ; je défile rapidement devant mes bataillons, mes yeux dans les yeux des défenseurs de la capitale. Là, par une mâle et patriotique proclamation et au cri de *Vive la République*, j'enflamme tous les cœurs, au nom de la patrie en danger. Puis, je rentre à mon quartier général, et je fais afficher dans tout Paris, ma proclamation conçue à peu près en ces termes :

RÉPUBLIQUE FRANÇAISE
Liberté, Égalité, Fraternité

Citoyens,

Un despotisme aveugle a mis la patrie en

péril ; on a conduit nos braves soldats à l'ennemi sans organisation, sans munitions et sans
vivres, et laissé nos arsenaux entièrement
vides.

Citoyens, la capitale est un vaste camp retranché, où chacun, suivant sa force, son in-
telligence, doit prendre sa place et fournir son
contingent de service. Que l'initiative privée
joigne ses efforts à ceux du Gouvernement et
que les grandes industries se transforment en
arsenaux.

Commandant de place assiégée, j'en assume
toute la responsabilité devant le pays, comme
devant l'histoire et j'en veux tous les pouvoirs. Citoyens, sans ambition autre que celle
du devoir envers la patrie, après la victoire, je
déposerai mon épée, aux pieds du peuple français.

Citoyens, serrons nos rangs, que tous les
cœurs battent à l'unisson, immortalisons la
troisième République.

Salut et fraternité.

Vive la République !

Signé : X..., président du Gouvernement

de la Défense nationale, commandant de place assiégée.

Je nomme alors vingt commissaires de la République, avec pleins pouvoirs pour faire exécuter mes ordres ; ils m'adresseront un rapport chaque vingt-quatre heures.

Le grand prévôt de gendarmerie est à mon quartier général. Le préfet de police me fera en personne, chaque jour son rapport.

Dans la ville assiégée, je ne permets à personne d'être plus républicain que moi, car dans le fond de mon âme, je le suis sincèrement.

Je fais réquisitionner tous les chevaux propres au service de la cavalerie et de l'artillerie, tout le bois de charronnage.

Les grands ateliers de carrosserie sont transformés en ateliers d'état, je réquisitionne tous les meilleurs draps pour l'habillement des troupes, je fais établir de vastes ateliers de confection, en un mot, je réquisitionne tout ce qui est propre au service de l'armée, je fais publier un catalogue où les fabricants, petits ou grands, peuvent prendre les détails avec les prix des objets à livrer.

Je suis un homme pratique, général, je sais qu'on ne peut pas travailler sans outils ; j'ai là, les quatre cents millions qu'on a donné à l'ennemi pour la rançon de Paris, c'est avec cet outillage que je travaille, je veux que tout soit forgé au caractère français, je ne veux rien de l'étranger, cependant un conseil d'un général américain, je le prends à la lettre ; habillez bien vos soldats, nourrissez-les bien, payez-les bien et vous aurez la victoire que je veux acheter.

L'armée dont vous avez porté le chiffre à soixante-quinze mille hommes, je le porte à cent mille, je fais appel à vingt-cinq mille volontaires ; avec le cérémonial que commande la situation, je choisis des hommes capables de fournir une marche de douze heures ; je réponds de vingt-cinq mille, j'excite leur patriotisme pour augmenter encore l'enthousiasme de l'armée.

Je lève tous les anciens cavaliers célibataires jusqu'à l'âge de quarante ans ; avec la gendarmerie et ce qui reste des différents corps, je forme trois brigades de cavalerie, immédiatement en état de se former et de manœuvrer en escadrons, le supplément des anciens cavaliers, je le verse dans le train des parcs d'artillerie, je lève tous les anciens artilleurs célibataires jusqu'à l'âge de quarante ans, j'accepte les volontaires jusqu'à l'âge de cinquante ans, en état de pouvoir faire encore un service actif.

De la plupart des officiers de l'artillerie de l'armée, je fais mes officiers supérieurs et je complète mes cadres avec les anciens sous-officiers, choisis dans cette arme, l'artillerie de la garde nationale pour le service des remparts est formée des hommes mariés, je ne refuse du service à personne, tu veux un grade ? montre tes états de service. Si je te reconnais capable, le voilà : je ne forme pas de train des équipages, les voitures privées feront mon affaire.

Garde mobile.

La garde mobile me présente des difficultés pour son instruction, organiser tel est mon but, sans froisser personne, je fais appel aux anciens sous-officiers qui veulent servir comme officiers dans la garde mobile, et je double le cadre des compagnies, il me suffit qu'ils soient bons instructeurs, un peu plus où un peu moins lettrés, je n'ai pas le temps d'être difficile. Ce système là vaudra bien celui qu'on a employé en faisant de nouvelles élections, et en plaçant à la suite les officiers non réélus.

Dans la garde mobile, les officiers subalternes prendront un fusil pour commencer l'instruction préparatoire à l'école de peloton, je me fais rendre un compte exact des capacités des officiers supérieurs, et au besoin, je les remanie.

Je forme la garde mobile aussitôt en régiment et en brigade.

La garde nationale est forte de quatre cent mille hommes.

Je sanctionne les élections de ses officiers, et me réserve le droit de révoquer un officier sur la proposition du général commandant,

Je lève cent mille hommes sous le titre de mobilisés, et je déclare la garde nationale de guerre : infanterie de Paris. Elle est composée de tous les célibataires jusqu'à quarante ans et des volontaires jusqu'à cinquante ans.

J'accepte tous les officiers volontaires pour

composer les cadres, et je choisis d'après les états de service.

Je fais faire le recensement et fais appliquer la loi contre tout réfractaire ; aussitôt les bataillons formés, ils sont réunis en régiments, brigades et cantonnements ; ils perçoivent immédiatement les vivres de campagnes et chacun reçoit la solde de son grade, alors seulement, j'accorde la solde aux ouvriers restés dans la garde nationale sédentaire ; moi aussi, je suis avare des deniers de l'État.

D'après la situation du grand-maître de l'artillerie, que j'ai devant les yeux, je manque de fusils à tir rapide, je fais activer la transformation de tous les fusils rayés modèle 1856, en fusils à tabatière en aluminium, fermant hermétiquement ; par la portée et la justesse du tir, je les trouve propres au combat. A peu de chose près, ils peuvent rivaliser avec le fusil Chassepot. Je manque encore d'armes à tir rapide, je forme vingt bataillons du génie auxiliaires, armés seulement de hâches, de pelles et de pioches, commandés par des ingénieurs, architectes, constructeurs, chefs de chantiers,

composés des charpentiers, maçons, terras-
siers ; je veux des hommes habiles à remuer la
terre, à gabionner, à palissader.

Je réunis tous les corps isolés de quelque
formation qu'ils proviennent en corps régulier,
infanterie légère.

Je compose toutes mes divisions de trois brigades :

1° Infanterie de ligue ; 2° garde mobile ;
3° garde nationale de guerre.

Mes corps d'armées de trois divisions ; il me
faut beaucoup de généraux, j'élève s'il le faut,
les officiers supérieurs de l'armée de deux grades, et même de trois. Un historien dit « Pa-
« ris a des généraux pour commander tout
« l'univers. »

Après que tous les généraux, les officiers et
bons nombre de sous-officiers ont eu quitté Paris, la Commune a encore trouvé des officiers
de tous grades, pour commander son armée.

Je fais activer la transformation de l'artillerie de campagne, mes batteries sont de huit
pièces avec le cadre d'officiers ordinaire, huit
maréchaux-des-logis chefs de pièces, deux bat-

teries d'artillerie à cheval, me suffiront pour suivre ma cavalerie. •

Les pièces sortant des fonderies privées sont essayées par trois coups de charge, si elles résistent, elles sont immédiatement livrées au service de l'artillerie.

Le train d'artillerie se compose des parcs de munition seulement.

Je passe successivement en revue mes corps d'armée, c'est une inspection rapide que je fais ; je visite les ateliers et les arsenaux, sans déranger personne, tout le monde reste à son poste.

Suivent tous les décrets de garantie pour les citoyens au service de la République ! Par le volontariat, j'ai un bon nombre d'hommes mariés parmi mes combattants. Général, je n'entreprends rien de décisif avant d'avoir au moins huit cents pièces d'artillerie de campagne. Je récompense les citoyens qui se sont dévoués au service de la République, dans les ateliers et les arsenaux.

A la poitrine de ces hommes aux bras nus, à la poitrine velue, aux tabliers de cuir, je suspends la couronne civique, et je prépare la victoire. Je donne l'ordre de faire rentrer à leurs corps respectifs tous les ouvriers d'état détachés dans les arsenaux. Général, je suis bientôt prêt, j'assemble mes commandants des corps d'armée en conférence. La séance est ouverte. Je préside.

En raison des armes de précision et du tir à longue portée, pas d'élan par masse d'infanterie ; sur le point qui résiste, des feux convergents le plus étendus possibles, activer la manœuvre de l'artillerie pour la porter d'un point à un autre, ployer au besoin l'infanterie pour ne pas entraver cette manœuvre, faire protéger efficacement l'artillerie par l'infanterie, la cavalerie n'étant pas en nombre, faire des efforts pour maintenir l'infanterie en bon ordre sous le feu de l'ennemi, autant que possible déployée, s'emparer du terrain, méthodiquement, aussitôt un ouvrage enlevé, le faire détruire, ou si on doit l'occuper en cas de retraite, le faire retourner contre l'ennemi, je m'adjoins trois lieutenants, la séance est levée.

RÉPUBLIQUE FRANÇAISE. — *Proclamation à l'armée.*

Soldats,

Vous êtes trois cents mille combattants, vous avez mille pièces d'artillerie attelées, puis-je vous apprendre à faire la guerre, vainqueur, si j'ordonne la retraite, c'est la tactique qui me commande, souvenez-vous qu'il est aussi glorieux pour vous de battre en retraite en bon ordre, que de vous lancer sur l'ennemi.

Soldats, le sort de la République est entre vos mains, souvenez-vous de vos ancêtres, les armées de l'ancienne République ne furent victorieuses que lorsqu'elles furent disciplinées, la victoire dépend de votre ténacité sous le feu de l'ennemi.

Soldats, tous les Français ont les yeux tournés vers vous, vos frères de l'armée de la Loire font des efforts pour se joindre à vous. Soldats en avant, allons leur tendre une main fraternelle, et par une victoire éclatante illustrons le drapeau de la République, sauvons nos foyers et chassons l'ennemi.

Soldats en avant !!!

Vive la République !   Signé X....

Général, je mets mes troupes en mouvement demain matin, je livrerai bataille, j'établis ma droite à Nogent, ma gauche à Saint-Denis, ma ligne de bataille est établie par corps d'armée ; chaque corps d'armée a une division en bataille, par brigade, et deux divisions en réserve. Première ligne, première brigade, infanterie de ligne déployée, couverte par une forte ligne de tirailleurs ; deuxième ligne, garde mobile, deuxième brigade en colonne, de division à distance, par bataillon à distance de déploiement, troisième ligne, garde nationale de guerre en colonnes serrées par divisions, par bataillons à distance de déploiement, Mes réserves sont massées et autant que possible, abritées dans des plis de terrain ; mon artillerie de faible calibre entre l'intervalle des bataillons de la première ligne. Mon artillerie de ligne et de réserve est en arrière des intervalles de bataillons de la troisième ligne. Suivant les chemins qui conduisent à l'ennemi, mes parcs de munition en arrière de mon artillerie de ligne et de réserve, les voitures privées réquisitionnées chargées de vivres de campagne, en arrière de mes réserves, les ambulances à chaque corps d'armée placées en arrière des réserves. En avant de mes réserves, les bataillons des sapeurs du génie auxiliaire. Deux brigades de cavalerie en arrière de mon aile gauche avec mes deux batteries d'artillerie à cheval. La brigade de gendarmerie est détachée par escadrons pour éclairer et relier les colonnes, je veux enfoncer la ligne de ravitaillement de l'ennemi.

Maître de Lagny, je suis maître du cours de la Marne et je détruirai le chemin de fer de Strasbourg, sur la plus grande étendue possible. Général, je vais surexciter l'enthousiasme de mes troupes et faire battre la charge. Eh bien ! mon général, c'est une guerre d'ingénieur que je veux faire je suis au point où je puis embrasser le gros de la bataille, par le fil télégraphique de la ligne des forts, je corresponds rapidement avec mes lieutenants, je donne le signal de l'attaque sur toute la ligne, je fais déployer la deuxième ligne et prendre les distances de divisions aux bataillons de la troisième ligne, mes réserves suivant le mouvement, je porte mon artillerie de ligne et de réserve, par masses vers les points qui résistent, je m'empare du terrain pied à pied, je ne demande à mon infanterie, que le calme et le bon ordre sous le feu de l'ennemi, mes bataillons de sapeurs auxiliaires s'avancent, un ouvrage aussitôt enlevé est détruit ou retourné contre l'ennemi. Tout Paris est au combat, la fonte est en ébullition, on me fabrique des projectiles.

Je sens déjà, que les réserves ennemies entrent en ligne, je fais des efforts pour résister, l'ennemi appelle à lui, la majeure partie de ses forces ; il tente de me refouler dans Paris, eh bien, mon but est atteint, je l'ai obligé de déplacer ses forces, je ne combats plus que pour la retraite, mes réserves sont en mouvement pour demain, faire tête de colonne. Des officiers d'état-major sont à toutes les portes des remparts, et stimulant le passage des troupes au pas de course, toutes les grandes voies de la capitale sont libres. La garde nationale sédentaire est sur un rang de chaque côté des maisons, j'ai fait sonner le couvre-feu.

Je porte rapidement mon armée sur la rive gauche de la Seine, je fais débarrasser les sacs de mes soldats et les fais garnir de six jours de vivres, et de munitions seulement. Ma gauche est à Ivry, ma droite au-delà du Mont-Valérien, ma ligne de bataille est un peu étendue, cependant, je n'ai pas l'habitude de dissémi-ner mes forces, mon centre est fortement appuyé, ma cavalerie et mon artillerie légère sont à gauche de mon centre pour éclairer l'ouverture qui se fera entre mon aile gauche, calculez, général, combien de temps il m'a fallu pour traverser le cercle, et combien de temps il faudra à l'ennemi pour contourner au moins le tiers de ce cercle; ayant deux fleuves à passer.

Général, j'ai trois cent mille hommes, moins ce que j'ai perdu les jours précédents, toutes mes forces sont en ligne, je commence vigoureusement l'attaque par mon aile gauche qui s'avance pour s'emparer des hauteurs de Villeneuve-Saint-Georges, à mesure que mon aile gauche s'avance, mon centre pivote sur ma droite, vous voyez, général, qu'aujourd'hui, je suis un vieux pivot en culotte de peau, comme disaient les fabuleux de Belleville, aujourd'hui, ils ne sont pas à l'Hôtel-de-Ville, ils sont là, face à Versailles, pour moi, c'est Versailles qu'il me faut, en cendres, que m'importe, le temps me presse aujourd'hui, je ferai bien battre un peu la charge, mais, sans jamais me départir de ma tactique, mon point de mire est Frédéric-Charles, faisant face à l'armée de la Loire, c'est lui que je veux atteindre ; je ne demande à mon aile gauche, en bataille sur les bords de la Seine que de tenir un jour en respect, le gros de l'armée allemande, alors la distançant d'un jour de marche, je me lance à marches forcées sur les derrières de Frédéric-Charles et je le jette sur l'armée de la Loire. Les deux armées réunies, je remets le commandement au général Chanzy. Je reprends mes trois chevrons et mes galons de sergent.

GIRAUX AÎNÉ,

Officier volontaire,

Lieutenant au 159e bataillon

de la garde nationale de guerre.

CONCLUSION

Le plan que je viens de supposer, n'est-il pas réalisable avec les ressources dont vous disposiez : une armée organisée de soixante-quinze mille soldats ; plus de cent mille mobiles et quatre cent mille gardes nationaux, chez lesquels le patriotisme et la confiance (si vous aviez su la leur inspirer), auraient suppléé au défaut d'habitude. Enfin, une ville immense, entourée de forts imprenables, obligeart l'armée d'investissement d'occuper une ligne circulaire de plus de trente lieues, fort affaiblie par cela même. Tels, étaient les éléments formidables, devenus inutiles entre vos mains, puisque Paris a capitulé, en payant quatre cents millions d'impôts de guerre. L'histoire sévère et impartiale, vous jugera selon vos mérites. Quant à moi, vieux soldat, pauvre et usé par vingt campagnes, je laisse à des voix plus autorisées que la mienne, le soin de tirer la conclusion des événements et des désastres dont saigne encore notre chère patrie.

GIRAUX aîné.

État sommaire des services

Du volontaire GIRAUX AINÉ.

(16e bataillon de volontaires de 1848)

Au 15 mai, au 22, 23 et 24 juin, défense de l'Assemblée nationale, sous les ordres des généraux Duvivier, Damesme, Bréa et Cavaignac. Soldat de première classe ;

Baltique (1854), au 51e régiment, caporal ;

Crimée (1855-1856), au 69e régiment, sergent de première classe ;

Corps d'armée d'occupation en Italie, 1861, 1862, 1863, 1864, 1865 et 1866 ;

Défense de Paris 1870-1871, lieutenant des volontaires.

Pièces justificatives

Congé du 69e régiment, certificat de bonne conduite.

GARDE NATIONALE DE LA SEINE

État-major général

Le commandant supérieur des gardes nationales de la Seine, certifie que M. GIRAUD (Claude-Laurent), a été élu au grade de lieutenant de la troisième compagnie de guerre du 159ᵉ bataillon de la garde nationale de la Seine. (Bataillon de volontaires.)

Paris, le 18 novembre 1870.

Le Commandant supérieur,
CLEMENT-THOMAS.

(Cachet de l'état major).

État-major de la Garde nationale de la Seine.
(Opérations militaires).

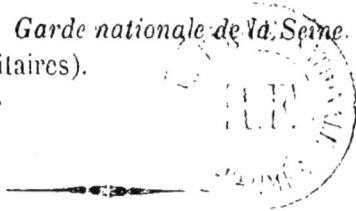

www.ingramcontent.com/pod-product-compliance
Lightning Source LLC
Chambersburg PA
CBHW070919210326
41521CB00010B/2245